[日]木村裕一 梁平 智慧鸟 著 [日]木村 译

電子工業出版社
Publishing House of Electronics Industry
北京·BEIJING

图书在版编目（CIP）数据

数学大侦探. 雕像疑案 / (日) 木村裕一, 梁平, 智慧鸟著 ; (日) 木村裕一, 智慧鸟绘 ; (日) 阿惠, 智慧鸟译. -- 北京 : 电子工业出版社, 2024.3
ISBN 978-7-121-47283-1

Ⅰ. ①数… Ⅱ. ①木… ②梁… ③智… ④阿… Ⅲ. ①数学 - 少儿读物 Ⅳ. ①O1-49

中国国家版本馆CIP数据核字（2024）第037969号

责任编辑：赵　妍　季　萌
印　　刷：北京宝隆世纪印刷有限公司
装　　订：北京宝隆世纪印刷有限公司
出版发行：电子工业出版社
　　　　　北京市海淀区万寿路173信箱　邮编：100036
开　　本：889×1194　1/16　印张：31.5　字数：380.1千字
版　　次：2024年3月第1版
印　　次：2024年3月第1次印刷
定　　价：180.00元（全6册）

凡所购买电子工业出版社图书有缺损问题，请向购买书店调换。若书店售缺，请与本社发行部联系，联系及邮购电话：（010）88254888，88258888。
质量投诉请发邮件至zlts@phei.com.cn，盗版侵权举报请发邮件至dbqq@phei.com.cn。
本书咨询联系方式：（010）88254161转1860，jimeng@phei.com.cn。

前言

这套书里藏着一个神奇的童话世界。在这里，有一个叫作十角城的地方，城中住着一位名叫仙鼠先生的侦探作家。仙鼠先生看似糊涂随性，实则博学多才，最喜欢破解各种难题。他还有一位可爱的小助手花生。他们时常利用各种数学知识，破解一个又一个奇怪的案件。这些案件看似神秘，其实都是隐藏在日常生活中的数学问题。通过读这些故事，孩子们不仅能够了解数学知识，还能够培养观察能力、逻辑思维和创造力。我们相信，这些有趣的故事一定能够激发孩子们的阅读兴趣。让我们一起跟随仙鼠先生和花生的脚步，探索神秘的十角城吧！

就要到午夜了！快打起精神来！

喇叭里忽然传出一声怒吼。昏昏欲睡的保安们全都被惊醒了，他们赶快拿起武器，把庄园正中的大理石雕像护在中间，瞪大了眼睛望向灯光之外的黑暗。

可是，清爽的夜风只带来了一阵湿润的海腥味，声称要在午夜时分盗走雕塑的盗贼并没有出现。
就连躲在豪宅顶层用望远镜窥视着院子里的冰激凌先生也开始怀疑这只是一场恶作剧了。

那个家伙应该是在吹牛吧？哪有偷东西还事先通知的？
午夜的钟声敲响了，就在所有人都松了一口气时，诡异的事情忽然发生了……
咚！
咚！
咚！

这怎么可能？在那么多人的
围观下，一座和真人一样大
的雕像竟然会被偷走？

奎警官摆了摆手：“更不可思议的还在后面呢！这是十角城富豪冰激凌先生的曾祖父的雕像，已经有 100 多年的历史了，是冰激凌先生的传家之宝。警方得到消息后，立刻就赶到了冰激凌庄园，录取了在场人员的口供。可他们都说……都说雕像是自己跳下石台走掉的！”

“这种事只能出现在魔法小说里吧？可我是侦探小说的主角，魔法在这本书里是不可能存在的啊！”被水呛到的仙鼠先生一顿猛咳。

奎警官看着仙鼠不敢相信的表情，叹了口气：“你也觉得不可思议吧？我第一次听到也不敢相信啊。可连冰激凌先生都这样说，我们赶到现场后，也没有发现任何有用的线索，那么大的一个雕像就这样不见了！”

仙鼠先生挠了挠头：“在场的每一个人都搜查了吗？根据惯例，坏人一般会混在现场围观的人群中。”

奎警官苦笑着说：“那么大一座雕像，还用挨个搜查？

就算坏人真的在现场，他能把那么大的雕像塞进口袋里吗？

仙鼠自言自语地思考着：“首先是体积的问题，其次还有重量问题。究竟是谁那么厉害，竟然能在众目睽睽下把那么大、那么重的雕像偷走呢？”

奎警官苦恼地说：“是飞天大盗布米奇，他常常用不可思议的手段窃取珍贵的古董，而且会提前把要盗窃的事件和物品告知受害人。任凭受害人怎样做足准备，依然逃不过被盗的命运，就好像拥有恶魔的力量一样啊。”

“飞天大盗不稀奇？真是一个有意思的名字啊。”仙鼠把这个名字记下了。

“不用在意细节啦，立刻把雕像的高度、体积、重量还有密度告诉我，还有当时的风速和空气湿度，我要开始行动了。”仙鼠先生的眼睛中闪烁着坚定的光芒。

果然是专业的侦探，你是要用精准的计算推理出雕塑被盗的方式吗？
不，我是在做数学家教偿还债务，想积累一些四则混合运算的素材。

案子交给我，那这里就拜托你了哦。

四则运算就是加法、减法、乘法和除法的统称啦，还有……

7×｛96－[72÷（48－30）+6×4]｝=？

这是带大、中、小括号的四则运算。加、减、乘、除统称四则运算。如果没有括号，只有加减法或乘除法，就从左往右依次运算；如果既有乘除法又有加减法，要先乘除，后加减。

有大括号｛｝、中括号[]、小括号（）时，要先算括号里面的，再算括号外面的。其运算顺序为小→中→大，括号里的顺序按四则运算的顺序计算。

7×｛96－[72÷（48－30）+6×4]｝

=7×｛96－[72÷18+24]｝

=7×｛96－[4+24]｝

=7×｛96－28｝

=476

十角城虽然是一座小小的海滨城镇，但它的历史却能追溯到远古的大航海时代，据说建造城市所用的费用就来自传说中的海盗宝藏。一直到现在，还不断有寻宝人不远万里来到十角城，探寻宝藏的秘密。

今天，据说有国宝级的探险家传授寻宝技巧。一大早，十角城的寻宝学院外就人流如织、熙熙攘攘了。

一个破旧的地摊前，仙鼠先生正拿着一张残破的石板，向旁边的花生讲解："这个石板上的花纹，一看就是古代留下的地图。"

花生半信半疑："先生，您还懂古董？"

仙鼠先生还是那么厚脸皮，永远也不怕牛皮吹漏："作为一名知识渊博的超级侦探，不懂点儿历史怎么行？你看这石板厚实的包浆，肯定是大航海时代的遗物，说不定是藏宝图呢。"

“不懂了吧，包浆就是……”仙鼠先生得意起来，刚要继续吹，摆摊的八脚章鱼却一伸手，从他手里把石板拿了回来。

八脚章鱼指着上面腐蚀的残破痕迹，得意地说：“这可是参与建造十角城的冰激凌先生的曾祖父留下的遗物，他就是凭借上面的地图，才找到了海盗黑胡子的宝藏，所以价值 100 十角币。”

“不贵不贵，这样宝贵的石板拿到鬼怪集市卖给地下寻宝者，一定能卖更多钱吧？”仙鼠先生的眼睛都放光了，但立刻又暗淡了下来，“可惜，鬼怪集市是违法的地下市场，我不知道在哪里啊。”

“我可以告诉你啊。”八脚章鱼生怕到手的鸭子飞掉，压低声音说，“只要你买了石板，我就告诉你鬼怪集市的位置。”

没问题，只要你告诉我鬼怪集市的位置，我就用加倍的价格买下石板！

“先生，如果石板在鬼怪集市更值钱，摊主为什么不自己去呢？”花生小声地提醒仙鼠。可已经“财迷心窍”的仙鼠却像没有听见一样。

“成交！鬼怪集市就在……”八脚章鱼附在仙鼠耳边说出了不为人知的秘密。

“谢谢，给你加倍的酬劳。”

仙鼠伸手拍在八脚章鱼的触手上，可是八脚章鱼的触手却没有接到一丁点儿钱。

“我说加倍给你酬劳，可没说加多少倍哦。”仙鼠忽然狡黠地一笑。

这块伪造的赝品石板，也就值零倍的酬劳而已。

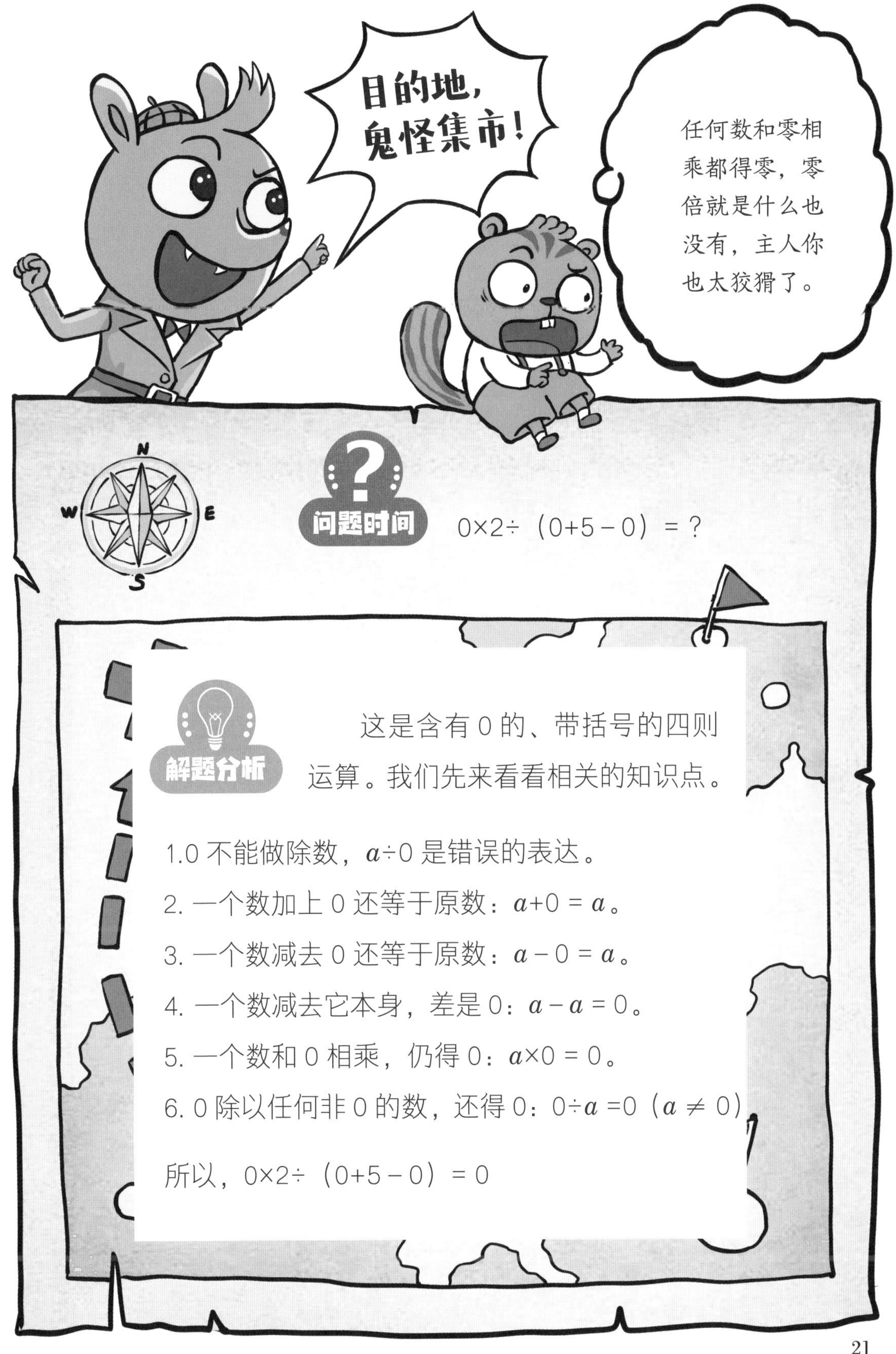

目的地，
鬼怪集市！
任何数和零相乘都得零，零倍就是什么也没有，主人你也太狡猾了。
N
W
E
S

问题时间 $0\times2\div(0+5-0)=?$

解题分析

这是含有 0 的、带括号的四则运算。我们先来看看相关的知识点。

1. 0 不能做除数，$a\div0$ 是错误的表达。
2. 一个数加上 0 还等于原数：$a+0=a$。
3. 一个数减去 0 还等于原数：$a-0=a$。
4. 一个数减去它本身，差是 0：$a-a=0$。
5. 一个数和 0 相乘，仍得 0：$a\times0=0$。
6. 0 除以任何非 0 的数，还得 0：$0\div a=0$（$a\neq0$）

所以，$0\times2\div(0+5-0)=0$

“喂，刚才那人问了你什么？”一个被罩衫遮住面容的身影忽然出现在章鱼摊主面前。

一枚闪亮的金币落在了章鱼摊主面前，他立刻笑成了一朵花。

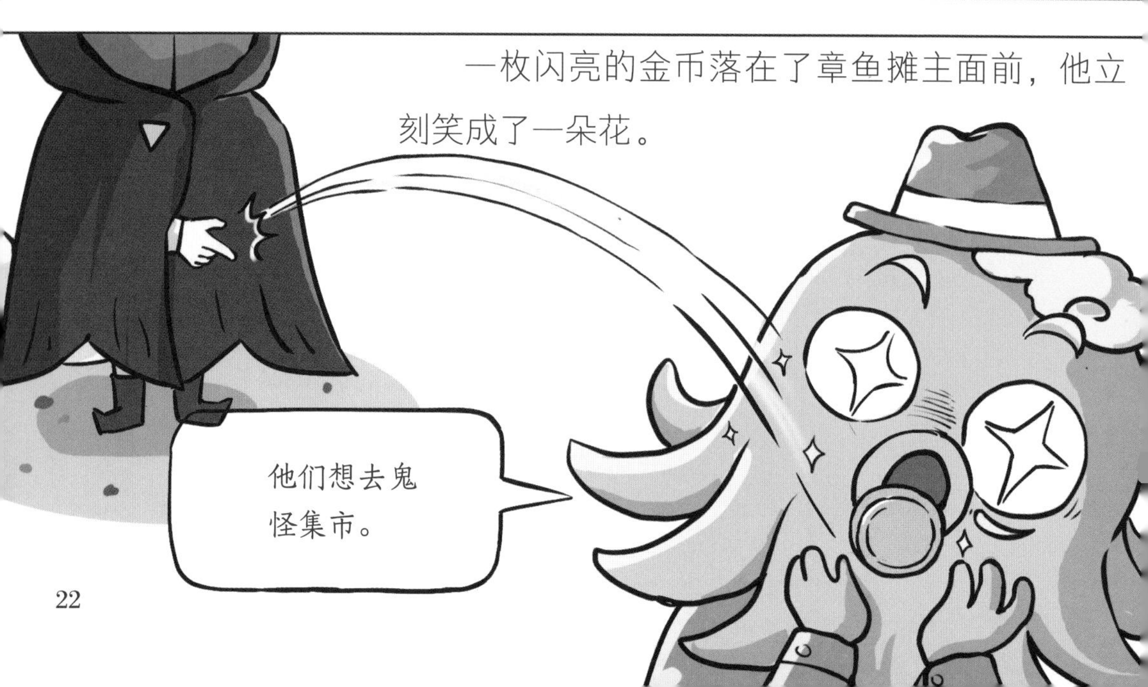

啊嘻嘻，
原来如此……
“鬼怪集市里……有鬼怪吗？”花生战战兢兢地踩着摩托。
“当然，他们最喜欢吃你这种小家伙了。”仙鼠优雅地举起一杯咖啡，故意吓唬自己的助手。
啊？主人，我可以退出吗？

受到惊吓的花生没有扶稳车把，摩托车接连撞上了石头。

“哎哟，屁股跌成八瓣了。”仙鼠惨叫起来，“快掌握好方向！这个世界怎么会有鬼怪？鬼怪集市只是小偷们聚集的黑市而已。被飞大大盗‘不稀奇’偷走的雕塑不可能公开出售，只能在鬼怪集市销赃。所以咱们去那里，没准能找到线索。”

根据章鱼摊主提供的线索，鬼怪集市就在大山深处的轰隆村。可轰隆村这个地方，无论是在电子导航还是地图上，都不存在。

“大叔，这儿附近有叫作轰隆村的地方吗？”仙鼠又一次停下来，询问正在树荫下吵架的几位老人

“没时间！没看我们正在忙着计算今年四个季度的总收成吗？”一位老爷爷没好气地说。

“你们好像完全不懂数学啊。”仙鼠无奈地挠挠头，“必须运用加法的运算定律，才能快速计算出结果啊。”

“原来如此，难题迎刃而解啊！”老人们顿时喜笑颜开，“你刚才想问我们什么问题来着？只要不是数学，我们都能回答。”

你们知道这附近有叫作轰隆村的地方吗？

“名字有点儿熟，可就是想不起来……”老爷爷们一个劲摇头。

喂，你们是想去轰隆村吗？我认识路，能搭个顺风车吗？

“当然没问题！”

仙鼠喜出望外地答应了，立刻向几位老人道别，把小狐狸拉上了车。

老爷爷们没了聊天对象很扫兴，只好继续嘟囔着讨论“轰隆村”在哪里的问题。

“不对，轰隆村……我好像听说过……”忽然，一位老爷爷双眼猛地一睁，“轰隆村……好像就是咚咚山那个……那个……”

“咚咚山怎么了？”旁边的老伙伴们都被他吓了一跳。

“咚咚山早就没人住了，我也是小时候听父亲说过，100 多年前，咚咚山的村民在一次山体滑坡的灾害中……全都被埋在山石底下了。所以……所以那个地方现在已经不叫轰隆村了，而是叫怪怪村啊！”老人的声音都抖了起来。

老人们全都惊叫起来：“怪怪村！难道是那个有吃人妖怪的怪怪村？”

问题时间
355+260+140+245= ?

根据加法交换律，在两个数的加法运算中，交换两个加数的位置，和不变，即 $a+b=b+a$。根据加法结合律：三个数相加，先把前两个数相加，再加另一个加数；或者先把后两个数相加，再加另一个加数，和不变，即 $(a+b)+c=a+(b+c)$

所以我们可以采取巧妙的办法快速计算答案。

355+260+140+245=（355+245）+（260+140）=600+400=1000

这是一条乱石铺成的小径，被树木杂草包围着，在稀薄雾霭的笼罩下，看不到头，也看不到尾。

“不是一个小时就能到吗？我们都走了快三个小时了吧？”花生抱怨道，“你究竟认不认识路啊？”

可小狐狸却继续重复着：“就快到了，轰隆村就在附近了。”

不知又过了多久，天色都已经逐渐暗了下来，山林中泛起一片迷蒙的雾霭，周围的环境变得越发诡异和神秘。可小狐狸口中的“附近”还是没有踪影。

花生打开车灯，有些紧张。

喂，你不会是坏人吧？故意把我们引到荒山野岭……我的工资很少，没有钱让你抢劫。
快闭上你的乌鸦嘴！

“啊嘻嘻，怪怪村已经到了，祝你们旅途愉快哦！”

小狐狸忽然向前一指，只见远处的山野丛林里真的出现了一座山村，透过树木的缝隙，能隐约看到青石绿瓦的简朴房屋和袅袅的炊烟；能听到小孩子尖利的哭闹、妈妈假装严厉的呵斥声、鸡鸭的鸣叫声；还能闻到炊烟夹杂着晚饭的香味，花生都要流下口水了。

“谢谢你，咦……人呢？”

仙鼠先生忽然发现，刚刚还在摩托上的小狐狸竟然不见了。

山里的夜色来得很突然，刚刚还能看到的夕阳，就像被什么“怪物”猛地拽下了山头，一下就消失得无影无踪了。如果不是刚刚看到了山村的一角，天一黑就什么都发现不了，这一趟还真是白跑了。

被夜幕笼罩的大山里，仿佛到处都隐藏着骇人的鬼怪。
花生已经被吓得忘记了自己的任务，躲在仙鼠先生背后发抖。
我抗议，我不要加夜班，我要加工资，我要回家，我要妈妈……

仙鼠先生这才狡黠一笑，取下挂住花生衣领的枯树枝。可是，正确的道路究竟在哪里呢？仙鼠先生也有点儿发愁了。

灯光就是在这个时候出现的，不是很亮，恰巧能让人辨认出方向。

“啊嘻嘻，远方来的客人啊，想要进入村子，请先回答我的问题吧！”一个佝偻的矮小身影举着灯笼说。

“太简单了，这不就是乘法交换律吗？”仙鼠先生差点儿笑出了声。

问题时间

请问四块金币的六倍，和六块金币的四倍，哪个更多一些呢？

解题分析

这个问题涉及乘法交换律。两个数相乘，交换两个乘数的位置，积不变，即 $a\times b = b\times a$。

所以，4×6=6×4。二者一样多。

“原来是一样多啊。”老人举起手中的灯笼，照亮了一块刻着“轰隆村”三个字的石碑，“村里路窄，摩托车开不进去，都下车吧。”

“请问，这里是有一个鬼怪集市……”

一连串的狗吠声打断了仙鼠先生的提问。

“村里的狗狗是很凶的哦。”老人停下脚步，把昏暗的灯笼向旁边的一间石头房照了照，“先在我家住一晚吧。夜里别乱走，小心被狗咬。”

说完，他推开破旧的木门，招呼仙鼠他们进屋。

仙鼠和花生走了进去。这间房真的很老旧了，歪歪斜斜的木桌，板凳架起的床板，被灶火熏黑的墙壁……

仙鼠先生可没空在意这些，急切地继续问：“真是谢谢您了，我们来这里是要找鬼怪集市……咦？”

可他一回头，门口的老人竟然不见了。

仙鼠先生立刻追出房门，却被一阵疯狂的狗吠声吓回了屋内。

肚子咕噜噜抗议的两人很快把目光投向了墙角的土灶台。
好饿啊。
哇，有馒头！
还有咸萝卜。

即便是十分简单的农家饭，两人还是你争我抢地狼吞虎咽起来。

吃饱了的花生敏锐地盯上了房间里唯一的木板床，立刻蹿过去把床铺霸占了。

花生才不管仙鼠先生气得头上冒火，只管自己打起了呼噜。

无奈之下，仙鼠只好继续观察起屋里的环境。他发现墙上竟然用木炭写满了各种各样的数学题，但都没有计算出正确答案。百无聊赖的仙鼠索性拿起一块木炭计算了起来：“这里应该用乘法交换律，这里用乘法分配律……呼……呼……”

忽然，迷迷糊糊的仙鼠面前出现了一对锋利的鬼爪，用力抓住了仙鼠的脖子。仙鼠拼命地挣扎着呼救起来。
救命啊！
有妖怪！

问题时间
27×25×4=？（40+8）×25=？

乘法结合律：三个数相乘，先把前两个数相乘，或先把后两个数相乘，积不变，即使 $(a\times b)\times c = a\times(b\times c)$。

27×25×4 = 27×（25×4）=27×100=2700

乘法分配律：两个数的和（或差）与一个数相乘，可以先把这两个数分别和这个数相乘，再把它们的积相加（或相减），结果不变，即 $(a+b)\times c = a\times c+b\times c$；$a\times c+b\times c = (a+b)\times c$；$a\times(b-c) = a\times b-a\times c$；$a\times b-a\times c = a\times(b-c)$。

（40+8）×25=40×25+8×25=1000+200=1200

天色已经大亮，根据太阳的高度判断，时间应该已经是上午九十点钟了，看来自己睡的时间还真是够久的。

好可怕的梦，
这是哪……
喂，我已经醒啦，别喷啦！你早上刷牙没？好臭！
呜呜，主人，你终于醒了！
你这是在搞什么鬼？咦？我们昨天不是借宿在大叔家吗？你把我搬到这荒山野岭躺着干什么？

仙鼠先生一骨碌爬起来，向四下望去。只见周围布满了乱石野树，还有几处断壁残垣。不但房子不见了，连昨天看到的山村也整个不见了。
什么？这怎么可能？
那个大叔一定是妖怪，一觉醒来，他给我们借宿的屋子就不见了！
房子怎么可能一夜之间消失不见？一定是我们被人趁睡着换了地方。

“可是……可是……”花生拉着仙鼠在山野中穿行，边走边说，“我们的摩托就停在那儿，刻着轰隆村的石碑也在原来的位置；我昨晚吃了一块糖果，把包装纸扔在了路边，都还在原地。我们根本没有移动地方，就是我们住的房子忽然消失了……”

你还记得十角城的古老传说吗？说荒野里的妖怪会变出一座房子，还给路过的行人吃烂泥和癞蛤蟆变的食物！

"食物？"

仙鼠立刻想起昨天晚上那顿香喷喷的"农家饭"，顿时肠胃里一阵恶心，干呕起来。

不对！花生，你知道数学中的连减定律吗？
连减定律？

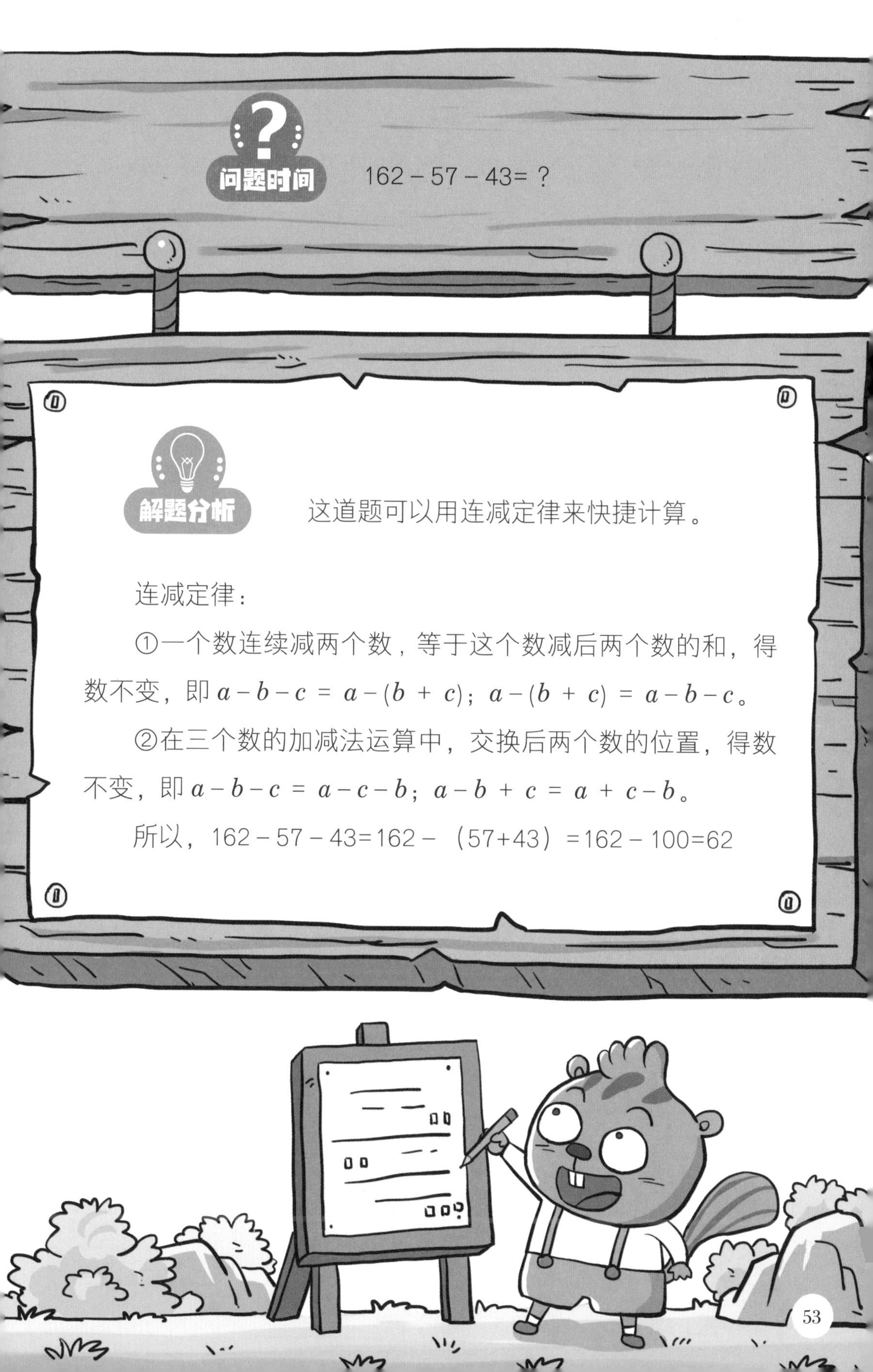

162 − 57 − 43= ？

这道题可以用连减定律来快捷计算。

连减定律：

①一个数连续减两个数，等于这个数减后两个数的和，得数不变，即 $a-b-c=a-(b+c)$；$a-(b+c)=a-b-c$。

②在三个数的加减法运算中，交换后两个数的位置，得数不变，即 $a-b-c=a-c-b$；$a-b+c=a+c-b$。

所以，162 − 57 − 43=162 − （57+43）=162 − 100=62

“我们遇到的神秘事件和连减一样，如果一个个减掉线索，就太麻烦了。案情紧急，我们可没有那么多时间耽误。不如先把昨晚遇到的所有疑点都加起来，那么我们会得出一个什么共同点？”仙鼠先生的嘴角挑了起来。

“共同点？我们遇到的一切好像都很可怕……

可怕的目的呢？
吓唬我们……
如果我们被吓到的话？
那我们就会离开……

“没错！这就是最后的答案！”仙鼠先生兴奋地说，“这个世界是不可能存在妖怪的，对方做了这么多事情吓唬我们，就是为了不让我们进入鬼怪集市！”

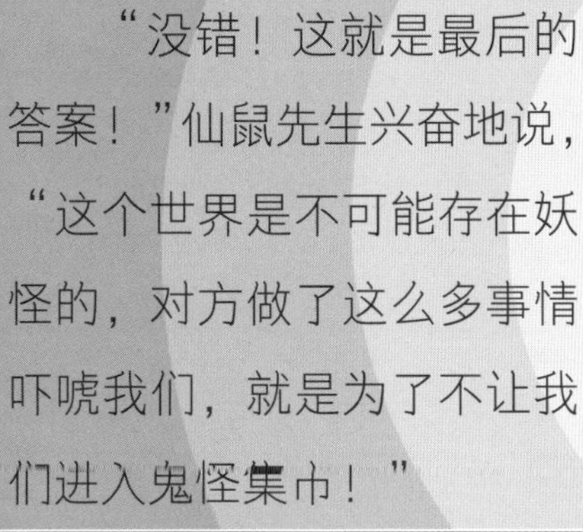

花生用力把仙鼠先生扔向高空，仙鼠先生展开翼膜，在高空滑翔，观察起周围的环境……

花生，鬼怪集市就在前面的山谷！
山谷中，有一处被树丛掩藏的山洞，一群头罩黑巾的人正在进进出出。
主人，我看到她了！
行动，别让她跑了！
主人，慢点儿，好晕。
不要挡住我的眼睛。

花生，快想办法掩护我！
花生在仙鼠头上放了一个很响的屁，吸引了周围所有人的嫌弃的目光。仙鼠先生也差点儿窒息。
拜托，不要用这么恶心的办法做掩护啊。

一群虎视眈眈的壮汉走过来，包围了花生和仙鼠先生。
他是侦探！
侦探？鬼怪集市里不欢迎侦探！
是你把侦探引过来的吗？

主人，你现在还有什么数学定律可以救我们吗？
你们不懂除法吗？为什么分给我这么多人？

问题时间

240÷3÷4= ?

解题分析

这道题可以用连除的性质来帮助运算。

连除性质：

①在三个数的乘除法运算中，交换后两个数的位置，得数不变，即 $a \div b \div c = a \div c \div b$；$a \div b \times c = a \times c \div b$。

②一个数连续除以两个数，等于这个数除以后两个数的积，得数不变，即 $a \div b \div c = a \div (b \times c)$；$a \div (b \times c) = a \div b \div c$。

所以，240÷3÷4=240÷（3×4）=240÷12=20

嗖！嗖！
几个身影被
扔出了鬼怪集市。
喂，你们为什么非要缠着我不放？
明明是你一直在阻挠我们破案！
不要狡辩了，村里的大叔也是你假扮的，自己消失的村子也是你搞的鬼！
我不过是搭了一次你们的车……
村子怎么可能自己消失？我可没时间和你们胡扯。

狡猾的小狐狸却不想和他们纠缠，跳过花生的头顶，就要扬长而去。
可仙鼠先生却早有准备……
屋子当然不会消失，它是被人连夜搬走的！
不要冤枉好人，房子怎么可能被一夜搬走？你以为我是妖怪吗？

“昨天晚上，你装扮的带路大叔只提着一盏昏暗的灯笼，我们的视线范围很有限，事实上我们只看到了一间类似电影道具的假房子而已。我们的饭菜中一定被加了安眠药，所以你们才能把唯一的‘道具房’拆走，还不惊醒我们。”仙鼠先生分析道。

可是……主人，我们之前在树丛中看到可不只是一间屋子，明明是一座有很多人的村子啊。

仙鼠跳上一块大石头，比画着周围的环境：“村子也是假的，只要透过树丛，在合适的位置搭上一块很大的写真布景，就能看到一片村子的模样了。村里的人声和狗叫声都是提前录好的，只要按时播放就行。村里有很多人这件事，其实我们根本没有亲眼看到，只是想象出来的。我说的对吗？飞天大盗‘不稀奇’！”

是布米奇啦，主人。
不要在意细节！
嘻嘻，不愧是传说中的十角城最穷侦探，竟然识破了我的神秘村计划！
是最强侦探，不是最穷侦探！
不要在意细节啦！
喂，你想干什么！

她也会飞！
难怪叫飞天大盗，我竟然忘记了她的外号！

仙鼠先生爬上树顶，拿出望
远镜追踪着小狐狸的身影。

“飞行速度是每分钟 1000 米，她连续飞行了 3 分钟后降落，然后以每分钟 0.25 千米的速度向西行走了 5 分钟，最后消失在了树林中……”

小朋友们，根据仙鼠先生的观察，你们知道他在计算什么了吗？对了，他在计算小狐狸逃走的目的地，但你们知道他是如何进行计算的吗？

问题时间

1000×3+0.25×5= ？

解题分析

日常生活中，有很多需要速算的场合。如果你能记住一些固定的常见运算，就可以节省大量时间。比如 25×4=100，5×5=125，125×8=1000，0.25×4=1，0.125×8=1……你还可以找到更多这样的常见固定运算。

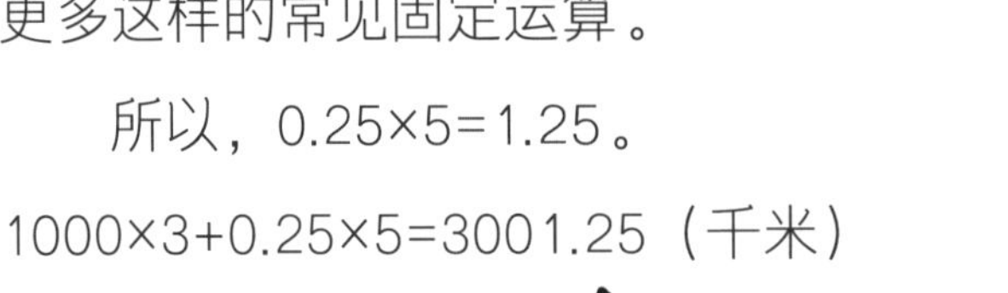

所以，0.25×5=1.25。

1000×3+0.25×5=3001.25（千米）

通过计算，仙鼠先生很快找到了小狐狸消失的位置坐标，和花生一起追踪了过去。
主人，你为什么不飞过去呢？
拜托，我只是可以滑翔，并不能飞太久。不过，会飞的狐狸我倒是第一次见到。
摩托车在大山中一路颠簸，二人终于看到了一座建在半山腰的村落。
没错，狡猾的狐狸就是向着这个方向逃跑的。

主人，这个村子不会又是假的吧？
这是一个如假包换的村子，绝对不是假的。但有些古怪……

这个村子所有的房屋都搭建在高耸入云的树木上。用树干编制的框架，木板拼接的地板，加上棕榈叶制成的墙和屋顶，而且还专门建筑了简易的“人工电梯”——在树杈上装了一个滑轮，用绳索系着一个藤筐，上上下下方便极了。

哇，就像童话世界里的精灵城堡一样。我也想要一间小房子。

童话世界的城堡吗？无论是雨季的洪水，还是森林里肆虐的昆虫、野兽，都影响不到这么高的地方。还真是为了孩子们的安全，才这么建造的啊。
最穷侦探，你竟然能找到这里？看来我只有投降了。
怎么可能这么简单？

求求你们了！
不要带走姐姐！
姐姐是好人！
喂，“不稀奇”女士，不要利用孩子掩盖自己的罪行啊！

原来，生活在这个村子里的都是十角城周围的孤儿，每个孩子都有着悲惨的身世。布米奇之所以会成为飞天大盗，都是为了这些孩子的生活。

呜呜……十角城那么多富豪，他们难道就不帮助一下这些孩子吗？
喂，你的数学一定不怎么样吧？在假山村里，伪造的房屋墙上，那些数学题都是关于孩子们生活成本的计算吧？难怪你要把墙都拆走。
嘻嘻，多亏你的计算，孩子们的生活费又可以多坚持几个月了。

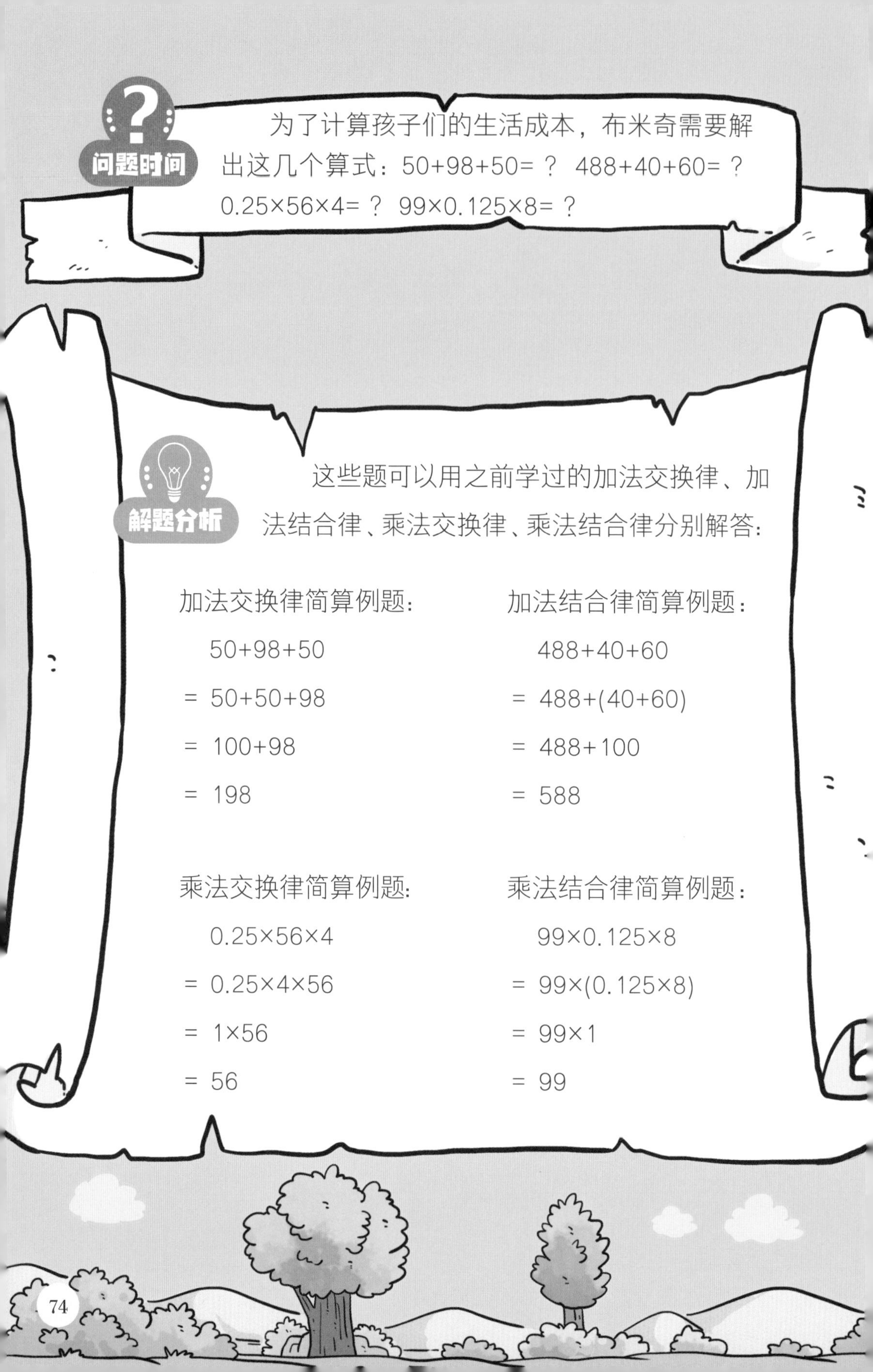

问题时间

为了计算孩子们的生活成本，布米奇需要解出这几个算式：50+98+50=？ 488+40+60=？ 0.25×56×4=？ 99×0.125×8=？

解题分析

这些题可以用之前学过的加法交换律、加法结合律、乘法交换律、乘法结合律分别解答：

加法交换律简算例题：

50+98+50
= 50+50+98
= 100+98
= 198

加法结合律简算例题：

488+40+60
= 488+(40+60)
= 488+100
= 588

乘法交换律简算例题：

0.25×56×4
= 0.25×4×56
= 1×56
= 56

乘法结合律简算例题：

99×0.125×8
= 99×(0.125×8)
= 99×1
= 99

案子已经调查
清楚了！
可是……我祖先的雕
像呢？究竟是谁偷走
的？现在在哪里？

哼！根本没有人偷，是你的祖先在生你的气，自己走掉了！
生我的气？
他是嫌我赚的钱不够多吗？还是嫌我的冰激凌卖得不够贵？也许是嫌我给工人发的工资太高了？还是……
不是，不是，当然不是！你的祖先是觉得你太贪婪了，需要多做慈善！

我的祖先要做慈善？这可不是他留下的家族传统啊。
那你就亲自问问他吧！

喂，你说的究竟是真是假？为什么祖先不亲口告诉我？
当然是真的，这可是我从地狱恶魔那里得到的消息。
地狱？我的祖先难道没有在天堂吗？

是……是祖先……
他回来了！
快去做慈善，我才能得到救赎！
可是，您留下的家训，不是说钱比生命还重要吗？
所以，你是想让我在地狱的烈火中等你吗？
啊？不，不，我一定多做慈善，我不想下地狱！
冰激凌先生大叫着，整个人都瘫软在了地上。

等仙鼠先生把他扶起来时，雕像已经再次矗立在石台上，一动不动了！
快，把我的金库打开，我要做慈善，我要建孤儿院，我要捐助教育，我要帮助老人……

问题时间

在规划慈善事业时，冰激凌先生遇到了这样几道问题，该怎么解呢？

$65+28.6+35+71.4=?$　$25\times0.125\times4\times8=?$

$25\times(40+4)=?$　$135\times12.3-135\times2.3=?$

使用加法交换律与结合律解答：

$$\begin{aligned}&65+28.6+35+71.4\\=&(65+35)+(28.6+71.4)\\=&100+100\\=&200\end{aligned}$$

使用乘法交换律与结合律解答：

$$\begin{aligned}&25\times0.125\times4\times8\\=&(25\times4)\times(0.125\times8)\\=&100\times1\\=&100\end{aligned}$$

使用乘法分配律的分解式解答：

$$\begin{aligned}&25\times(40+4)\\=&25\times40+25\times4\\=&1000+100\\=&1100\end{aligned}$$

解题分析

使用乘法分配律的合并式解答：

$$\begin{aligned}&135\times12.3-135\times2.3\\=&135\times(12.3-2.3)\\=&135\times10\\=&1350\end{aligned}$$

十角城新建的孤儿院里，小狐狸布米奇正在为孩子们表演人体雕塑。他穿着和石头颜色一模一样的衣服站在那里，孩子们竟然完全没看出他是一个真人！

我终于明白了，原来冰激凌先生祖先的雕像就是这样被盗的！
对啊，其实行走和说话的是布米奇伪装的人体雕塑，根本不是真正的雕像。真正的雕像一直都被藏在冰激凌庄园的花丛中。

仙鼠和花生回到警察局，听到屋中传来叽叽喳喳的声音……
嘘。

原来是奎警官还在焦头烂额地教孩子们数学呢！
1+1=
1+2=